■■■■■■■■■ 001
클래식그림씨리즈

# 사람 몸의 구조

클래식그림씨리즈 그림이 구축한 문명, 고전으로 만나다

# 사람 몸의 구조
베살리우스 해부도
De Humani Corporis Fabrica

클래식그림씨리즈 001

초판 1쇄 발행 2018년 1월 30일
초판 2쇄 발행 2021년 5월 10일

지은이  안드레아스 베살리우스
해  설  엄창섭
펴낸이  김연희

펴  낸  곳  그림씨
출판등록  2016년 10월 25일(제406-251002016000136호)
주     소  경기도 파주시 광인사길 217(파주출판도시)
전     화  (031) 955-7525
팩     스  (031) 955-7469
이  메  일  grimmsi@hanmail.net

ISBN 979-11-960678-6-1 04470
ISBN 979-11-960678-4-7 (세트)

이 도서의 국립중앙도서관 출판예정도서목록(CIP)은 서지정보유통지원시스템
홈페이지(http://seoji.nl.go.kr)와 국가자료공동목록시스템(http://www.nl.go.kr/kolisnet)에서
이용하실 수 있습니다.(CIP제어번호: CIP2017033727)

001
클래식그림씨리즈

# 사람 몸의 구조

De Humani Corporis Fabrica

## 베살리우스 해부도

안드레아스 베살리우스 지음
엄창섭 해설

그림씨

고려대학교 의과대학 해부학교실 교수
**엄창섭**

# 근대 해부학의
## 아버지,
## 안드레아스 베살리우스

안드레아스 베살리우스Andreas Vesalius(1514~1564)는 인류 역사상 가장 유명한 해부학자이다. 그가 유명해진 이유는 과거 갈레노스Aelius Galenus(129?~200?)의 교과서에 의존하던 해부학을 정확한 실증을 통해서 경험과학으로 확립하였고, 본인이 직접 해부하면서 강의하는 독창적인 교육방법을 확립하였으며, 해부하는 과정에서 발견한 갈레노스의 오류들을 동료 해부학자들과 토론하면서 바로잡으려 노력했다는 점이다. 또 이 과정에서 스승과의 논쟁도 불사한 학자로서의 태도, 그리고 해부한 결과를 그림으로 남긴 예술가적 업적도 한몫했다.

인체에 대한 정확한 지식은 병을 찾아내고 치료하고, 또 예방하는 데 꼭 필요하기 때문에 의학을 공부하는 사람들에게 해부학은 반드시 거쳐 가야 할 주춧돌과 같은 학문이다.

해부학에서 의학도에게 강조하는 내용은 세 가지로 요약할 수 있다. 첫째는 인체의 정확한 구조와 변이를 익히는 것이다. 대부분의 사람들은 '해부학'이라고 하면 이 첫째가 전부인 양 생각하는 경향이 있다. 여기에 더해 인체의 각 부위 용어를 학습함으로써 의료인들이 서로 소통할 수 있게 만드는 것이 둘째이다. 그리고 셋째는 시신을 통해 생명과 질병, 환자, 죽음 등에 대해 고민하게 함으로써 장차 의료인으로서 바른 윤리관을 가진 좋은 의사가 되기 위한 기초를 닦는 것이다.

## 해부, 인체를 정확히 알 수 있는 가장 빠른 방법

인체에 대한 정확한 지식을 가장 빠르게 습득하는 방법은 시신을 직접 해부하는 것이다. 지금은 당연하게 생각하는 인체 해부가 과거에도 당연하게 여겨졌던 것은 아니다. 그러면 언제부터 시신을 해부하기 시작했을까? 사람의 해부는 헬레니즘 시대의 알렉산드리아에서 기원전 1세기 말까지 간혹 행해졌는데, 당시의 해부학자로는 헤로필로스Herophilus(B.C.335?~B.C.280?)와 에라시스트라투스Erasistratus(B.C.304?~B.C.250?) 등이 있다. 특히 헤로필로스는 신경과 혈관 해부를 많이 했으며, '해부학의 아버지'라고 불린다. 그렇지만 2세기 중반의 로마법에서 사람 해부를 금지한 후부터는 사람을 해부했다는 기록이 발견되지 않는다. 다시 말하면 중세의 오랜 기간 동안 의학을 공부할 때 사람을 해부하지 않았다는 것이다. 이 당시 서양 의학은 로마시대의 의사였던 갈레노스의 해부학 교과서에 근거하였다. 거의 1,300여 년 동안 서양의학의 근간이었던 갈레노스의 해부학 교과서는 원숭이·돼지·염소·소·말과 같은 동물을 해부한 것으로, 실제 사람의 구조와는 여러 면에서 차이가 있었다. 그렇지만 어느 누구도 위대한 선배의사인 갈레노스의 권위에 도전하지 않았고, 실제 시신을 해부하여 사람의 구조를 확인하려 들지 않았다.

　12세기에 들어와서 몇몇 인문주의자들이 인체의 실체에 관심을 가지게 되면서 해부학도 사람들의 관심을 끌게 되었고, 해부학 논문도 발간되기 시작하였다. 이 당시 가장 대표적인 사람이 레오나르도 다 빈치Leonardo da Vinci(1452~1519)로 〈비트루비우스적 인간Vitruvian Man〉이라 알려진 인체비례도를 남겼다. 이때부터 시작하여 르네상스 시대에 이르러 사람의 구조는 사람을 직접 해부해 봐야 알 수 있다는 개념이 비로소 무르익게 된다. 바로 이런 시대에 베살리우스가 실제로 인체를 해부하여 갈레노스의 해부학이 잘못되었음을 실증함으로써 인체에 대한 개념을 완전히 바꾸어 놓았다.

　르네상스가 다른 시대와 다른 가장 중요한 점은 자연과 인간에 대한 관심과 자연의 원리를 탐구하는 방법에 있다. 르네상스 자연관은 자연에 대한 관심을 확대시킴과 아울러 자연의 원리를 탐구하도록 하였다. 이들이 자연의 원리를 탐구하기 위하여 사용한 방법론을 '실증적 방법론'이라 한다. 기존의 연구 방법이 자연을 관찰하고 경험한 바를 기록하여 분석하는 것이었다고 한다면, 실증적 방법론은 자연의 원리를 탐구하기 위하여 실험을 하여 결과를 기록하고, 그로부터 일반적 법칙을 도출해 내는 방식이었다. 이런 실증적 과학 방법은 레오나르도 다 빈치로부터 시작하여 코페르니쿠스Nicolaus Copernicus(1473~1543)가 지구는 둥글고 태양을 중심으로 지구가 움직인다는 지동설을 내놓으면서 정점에 이르게 된다. 이런 때에 자연뿐 아니라 인간과 인체에 대한 관심도 늘어난 것으로 추

정된다. 그림이나 조각 같은 예술작품 속에 등장하는 인물도 신적이고 이성적인 모습에서 실제적인 인체와 세속적인 모습으로 인체의 역동적인 면이 강조되기 시작하였다. 이런 사회사조의 변화로 사람의 몸을 대상으로 하는 해부학에 대한 관심이 늘어나게 된 것은 당연하다.

## 사람을 직접 해부하고 강의하고 그림으로 남기다

베살리우스는 1514년 12월 31일 벨기에 브뤼셀의 의사 집안에서 태어나 어릴 적부터 동물 해부를 즐겨 했다고 한다. 베살리우스는 뤼뱅Louvain에서 공부를 시작하였고, 1533년 의사가 되기 위해 파리대학교에 진학하였다. 그곳에서 당대의 유명 해부학자였던 실비우스Jacobus Sylvius(1478~1555) 등에게서 갈레노스의 해부학을 배웠다. 그렇지만 시신해부를 하지 않는 파리대학교의 분위기에 잘 어울리지 못했던 그는 파도바Padova대학교로 옮겨 1537년 의사(M. D.)가 된다. 당시 베네치아공화국에 속해 있던 파도바는 르네상스 과학의 발상지로 알려진 곳이었다. 또한 이곳은 이탈리아 르네상스 전성기의 화가로 유명한 벨리니 가족[조반니 벨리니Giovanni Bellini(1429?~1516), 아버지: 야코포 벨리니Jacopo Bellini(1400?~1470?), 형: 젠틸레 벨리니Gentile Bellini(1429?~1507)]이나 티치아노Vecellio Tiziano (1490?~1576) 등과 같은 화가들이 활동하던 곳이기도 했다. 이런 파도바의 예술적인 분위기는 베살리우스가 예술가적 영감과 창조적 사고를 갖는 데 영향을 미쳤을 것이다. 그 결과 그는 기존에 당연하다고 여

겨지던 인체에 대한 전통적인 관점을 거부하고 실제 해부를 통해 인체가 가지는 아름다움을 추구하게 되었다.

23세의 젊은 나이에 파도바대학에서 해부학 및 외과학 교수가 되면서 베살리우스는 해부학 교육 방식도 획기적으로 바꾸었다. 당시 교수는 해부를 하지 않는다는 관례를 깨고 조수 대신 직접 사람의 시신을 해부하면서 가르쳤는데, 이는 많은 학생들의 관심을 끌었다. 특히 그는 일반 대중들에게도 해부 시범을 보이면서 강의를 하였다. 이렇게 직접 해부를 한 이유는 사람의 구조는 갈레노스의 교과서가 아닌 '인간의 몸이라는 교과서'로부터 직접 배워야 한다고 생각하였기 때문이다. 해부학자가 직접 인체를 해부하면서 몸을 공부하고 가르친 덕에 지금은 당연한 것으로 받아들이는 인체의 구조가 정확하게 밝혀지게 된 것이다.

사람을 직접 해부한다는 것은, 과거 동물 해부를 통해 사람 몸의 구조를 유추함으로써 야기된 오류를 수정했을 뿐 아니라, 위대한 선배 갈레노스의 교과서를 절대적인 것으로 믿었던 관례로부터 벗어나게 해 준 중요한 개혁이었다. 하지만 베살리우스의 정말 뛰어난 점은, 그가 갈레노스의 해부학을 배웠고 의사로서는 갈레노스의 합목적적 생리학의 열렬한 지지자였으면서도, 갈레노스 교과서의 해부학적 오류에 대하여 체계적으로 비판을 하였다는 점, 그리고 자신의 스승이었던 실비우스를 포함하여 많은 동시대 해부학자들과 토론을 통해 잘못된 것을 수정해 나갔던 태도에 있다. 베살리우스는 선배나 스승에 대한 존경심을 버리지 않으면서도 진실을 실증하려는 객관적인 학문적 토론을 통해 기존의 해부학을 새로 거듭나게 할 수 있었던 것이다. 이런 의미에서 우리는 베살리우스를 '근대 해부학의 아버지'라고 부른다.

베살리우스의 또 다른 특별한 점은 해부를 하면서 항상 그림을 그려 기록으로 남긴 것이다. 그가 그림을 그린 이유는 해부 강의에서 보여 줄 교보재로 사용하기 위해서였던 것으로 생각한다. 1538년에 그림 중 6매를 모아《6점의 해부도Tabulae Anatomicae Sex》라는 이름으로 출판하여 대중의 관심을 받았다. 또한 그는 그동안 해부하면서 남긴 그림들을 모아 1543년에《사람 몸의 구조에 관하여De Humani Corporis Fabrica Libri Septem》(약칭《파브리카》)와《에피톰De Humani Corporis Librorum Epitome》이라는 책을 출판하였다.《6점의 해부도》에 포함된 그림은 베살리우스가 직접 그린 것이 아니고, 당대의 명화가였던 티치아노의 제자 칼카르Jan Stephan van Calcar(1499~1546)가 그린 것으로 알려져 있다.《파브리카》에는 그림을 그린 화가의 이름이 기록되어 있지 않지만, 칼카르가 그렸을 것으로 추정하고 있다.

베살리우스가《파브리카》를 출판한 1543년은 코페르니쿠스가 태양이 우주의 중심이라는 내용을 담은《천체의 회전에 관하여 De revolutionibus orbium coelestium》라는 책이 발간된 해이기도 하다. 세상을 바꾸는 위대한 업적 두 가지가 같은 시기에 이 세상에 빛을 발한 것이다.《파브리카》의 출판은 근대 해부학이 탄생하는 순간이었다. 그러나 베살리우스가 했던 해부 교육, 선배 해부학자의 오류 교정, 교과서의 출판 등이 훗날 의학의 미래를 완전히 바꾸어 놓을 패러다임 쉬프트paradigm shift가 될 것이라고는 아무도 생각지 못했다. 오히려 위대한 업적을 낸 많은 사람들이 당대 사람들에게 많은 비난을 받았던 것처럼, 그에게도 많은 비난이 쏟아졌다. 그 결과 혈액 순환을 증명하였던 하비William Harvey(1578~1657)나 손을 씻는 것만으로도 산

욕열로 인한 산모의 사망을 막을 수 있음을 밝혀낸 제멜바이스Ignaz Philipp Semmelweiss(1818~1865)처럼 베살리우스도 결국 학교를 그만두게 된다. 그 후 스페인 왕 카를 5세의 주치의가 되었다가 성지순례를 떠났고, 귀국하는 길에 사망하였다.

베살리우스는 관찰을 근거로 몸에 대한 연구를 시행한 최초의 해부학자이다. 그런데 당시는 해부가 보편화된 시기가 아니어서 해부할 시신을 구하기가 매우 어려웠기에 베살리우스는 파도바의 형사재판소에서 사형에 처해진 시신을 교부받아 해부하였다고 전해진다. 그럼에도 여성 시신은 매우 드물어서 1537년에서 1542년 사이에 그가 해부한 여성 시신은 모두 6구에 불과했다. 그중 3구는 공개적인 해부강의에 사용하였고, 한 구는 학생이 무덤에서 훔쳐온 것이다. 다른 한 구는 살해된 시신으로 베살리우스가 부검을 한 후 해부를 했고, 나머지 한 구는 교수형을 당한 시신이었다. 이런 이유로 베살리우스의 여성 생식기관에 대한 해부학적 설명은 완전하지 않다는 한계가 있다. 그럼에도 동물 해부에 근거했던 갈레노스의 해부학적 오류를 수정하는 데 큰 기여를 했다.

## 인문의학자이자 예술가, 베살리우스

베살리우스의 거작인《사람 몸의 구조에 관하여》는 모두 7권의 책으로 구성되어 있다. 제1권은 〈뼈와 관절〉, 제2권은 〈근육〉, 제3권은 〈맥관계통〉, 제4권은 〈신경계통〉, 제5권은 〈배안장기〉, 제6권은 〈가슴〉, 제7권은 〈뇌〉에 대한 그림들로 이루어져 있는데, 어느 그림이

든 공을 많이 들여서 자세히 그린 것이 특징이다. 재미있는 점은 시신을 시신처럼 그리지 않았다는 점이다. 보통 해부를 할 때에는 시신이 누워 있거나 엎드려 있는 상태에서 하기 때문에 해부도도 비슷한 구도나 자세로 그려진다. 그런 반면에 베살리우스 그림의 시신은 살아 있는 상태에서 마치 움직이다가 멈춘 것 같고, 사진 촬영을 위해 자세를 취하고 있는 듯하다.

또 해부학자들은 자신이 발견한 새로운 구조물이나 부위에 자신의 이름을 붙이는 관행이 있었는데, 해부학의 아버지라 불리는 베살리우스의 이름이 붙어 있는 구조가 없다. 이는 매우 놀라운 일이다. 자신의 발견에 대하여 굳이 이름을 붙이지 않은 것에 대하여 후세 학자들은 베살리우스는 인체의 일부에 속하는 작은 구조물보다는 인체의 전체적인 균형과 아름다움에 더 관심을 가졌기 때문일 것이라 추정한다.

베살리우스 해부도에 등장하는 인물들을 가만히 들여다보면 단순히 인체에 흥미를 느낀 자연과학자나 해부학자가 시신을 해부하여 관찰한 것이라기보다는 자연의 일부인 인간, 죽음을 초월하여 살아 있는 인간을 느끼게 된다. 이런 측면에서 베살리우스는 의사, 해부학자, 과학자이면서 인간과 삶, 생명을 중시하는 인문의학자이자 예술가라 할 것이다.

《파브리카》의 또 다른 독특한 특징은 책 자체에서 찾아볼 수 있다. 이 책에는 그림과 텍스트가 같이 포함되어 있다. 그림만으로 된 그림책도 아니고, 텍스트만 있는 책도 아닌, 두 가지를 융합한 새로운 디자인으로 만들어진 것이다.

이 책에 있는 그림들은 근대 해부학이라는 새로운 장을 연 베살리우스의《사람 몸의 구조에 관하여》에 실려 있는 그림들 중에서 고른 것이다. 베살리우스 해부학은, 당시 르네상스라는 시대사조에 따라 기존의 학계 전통 혹은 선배의 업적을 무조건 따르지 않고 시신을 직접 해부함으로써 실증하려 했던 과학적 접근법, 해부하면서 동시에 강의하고 여기에 교보재로 그림을 그려 사용하려 했던 독창적이고 창의적인 교육법, 그리고 해부 결과를 정확하고 아름다운 작품으로 표현할 수 있는 예술가적 감각이 모두 구비되었기에 가능했던 일이다.

이런 관점에서 베살리우스 해부도는 과학과 예술이 창조적으로 융합하여 만들어 낸 아름다운 결과물이라 할 것이다. 단순히 인간의 구조에 대한 공부를 한다는 생각을 버리고, 베살리우스의 시각으로 그가 사람을 해부하면서 어떤 생각을 하고, 인간과 자연을 어떻게 느꼈는지를 알게 되었으면 한다.

이 책의 각 장 제목은《사람 몸의 구조에 관하여》각 권에 붙여진 이름에서 주제에 해당하는 것이고, 보조 설명에 해당하는 것은 별도로 각 장의 내용을 설명하기 위하여 사용하였다. 그림들은 원본에 실려 있는 순서에 따라 배열하되, 가능한 한 개개 구조물이나 그림에 이름을 붙이거나 설명을 더하지 않았다. 그렇게 한 이유는 해부도 하나하나를 보면서 인체 구조를 공부하기보다는 사람의 몸에 대하여 해부학자, 과학자, 인문학자, 예술가로서의 베살리우스가 가졌던 느낌이나 생각을 짐작해 보기를 바란 탓이다.

제1장〈뼈와 관절〉, 제2장〈근육〉에 있는 그림 중 몸 전체를 보여 주는 몇 개에는 그림을 보면서 떠오르는 생각을 적어 놓았다. 예를 들어 28쪽에 있는〈앞에서 본 인체의 뼈대〉에〈밭 갈다가 쉬면서

노래 한 곡조〉라는 부제를 달았다. 그림을 보면 뼈로 된 사람이 오른팔을 농기구에 걸치고 고개를 살짝 들고 있는데, 왼팔의 늘어뜨림이나 살짝 벌어진 입 모양을 보면 밭에서 일하다가 쉬면서 친구들 앞에서 노래를 부르는 것이 아닌가 하는 생각이 든다. 시신이나 뼈대라면 응당 느껴져야 할 두려움 대신, 마치 친구가 서 있는 듯한 친숙함이 들지 않는가!

이런 생각은 원래 원본에는 없는 것이고, 베살리우스 시대에는 어울리지 않는 것일지도 모른다. 그리고 해부도를 보는 독자들 모두 다른 생각을 하리라 생각한다. 그러나 다양한 느낌이 드는 것 자체가, 베살리우스 해부도가 단순히 교과서에 실린 그림이 아니라 예술작품이고, 시대를 달리 하여 새로운 상상력을 불어넣어 주는 중요한 것이라는 증거가 아닐까 한다.

참고문헌

1  Charles Singer, 고기석·김형태·김희진·백두진·송창호·이원복·채옥희·한승호·한의혁 공역, 《해부학의 역사: 고대 그리스에서 하비시대까지》, 대한해부학회, 2010.

2  Lois N. Magner, *A History of Medicine* (2nd ed.), Taylor&Francis, 2005.

3  Marek H. Dominiczak, "Andreas Vesalius: His Science, Teaching, and Exceptional Books", *Clinical Chemistry*, 2013, 59(11): pp.1687-1689.

4  Evandro T. Mesquita, Celso V. de Souza Junior, Thiago R. Ferreira, "Andreas Vesalius 500 years-A Renaissance that revolutionized cardiovascular knowledge", *Brazilian Journal of Cardiovascular Surgery*, 2015, 30(2): pp. 260-265.

# 1. 뼈와 관절

## 몸 전체를
## 지지하는
## 구조물들

## 4. 신경계통
### 신경의
### 형태와 기능

## 5. 배 안 장기
### 소화기와
### 생식기

# 6. 가슴
## 심장과
## 허파

# 7. 뇌
## 영혼이 있고
## 감각을
## 느끼는 곳

파도바의과대학교에서
직접 시신을 해부하는
안드레아스 베살리우스

ANDREAE VESALII
BRVXELLENSIS, INVI-
ctiſsimi CAROLI V. Imperatoris
medici, de Humani corporis
fabrica Libri ſeptem.

CVM CAESAREAE
Maieſt. Galliarum Regis, ac Senatus Veneti gratia &
priuilegio, ut in diplomatis eorundem continetur.

안드레아스 베살리우스

AN. ÆT. XXVIII. M.D.XLII

해부 도구들

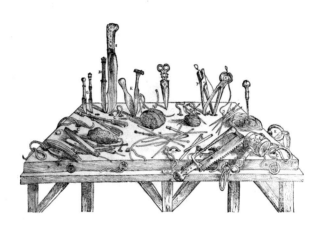

I 뼈와 관절

몸 전체를 지지하는 구조물들

앞에서 본 인체의 뼈대

밭 갈다가 쉬면서
노래 한 곡조

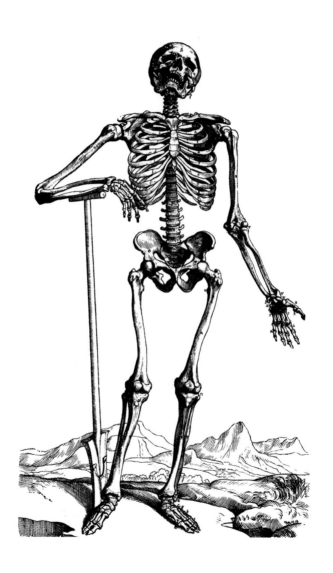

옆에서 본 인체의 뼈대

아! 이 남는 머리뼈는
누구 것일까?

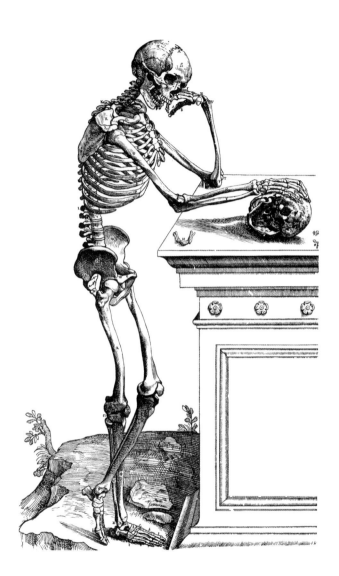

뒤에서 본 인체의 뼈대

형님, 잘
부탁드립니다!

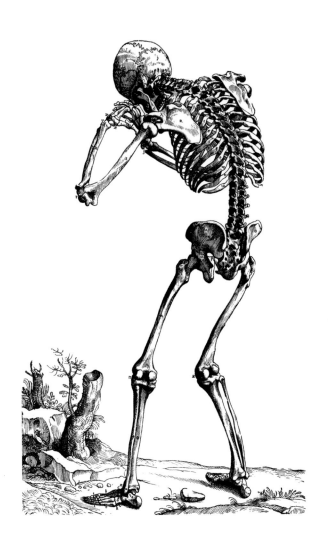

여러 가지 모양의 뼈

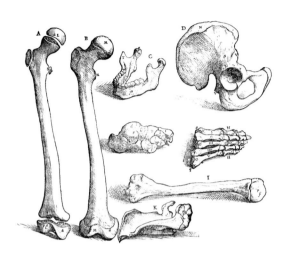

여러 형태의 머리뼈

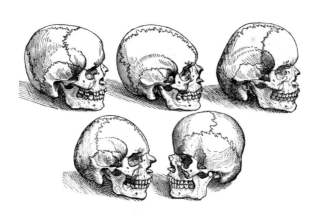

머리에 있는 뼈들과 뼈를
서로 이어 주는 봉합 1

---

1. 마루뼈와 절단한 마루뼈
2. 자연 형태의 전체 머리뼈
3. 왼쪽으로 눕혀 놓은 머리뼈

1

2

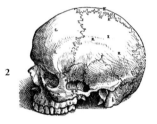

3

머리에 있는 뼈들과 뼈를
서로 이어 주는 봉합 2

4. 머리뼈바닥(아래턱뼈는 제거함)
5. 머리뼈바닥의 속면
6. 머리덮개뼈의 속면

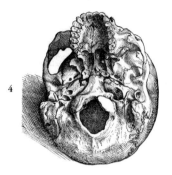

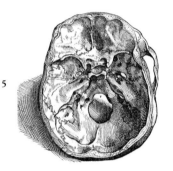

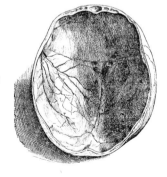

머리에 있는 뼈들과 뼈를
서로 이어 주는 봉합 3

---

7. 나비뼈와 벌집뼈
8. 관자뼈와 귓속뼈들

7

8

얼굴에 있는 뼈들

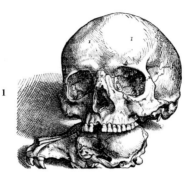

1

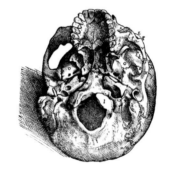

2

3

4

머리뼈에 있는 구멍들

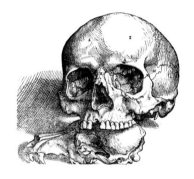 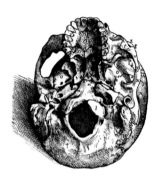

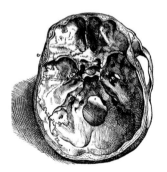 

척주

# 목뼈 1

1. 뒤통수뼈
2~4. 고리뼈(제1목뼈)
5~7. 중쇠뼈(제2목뼈)

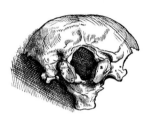

1

2

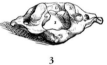

3

4

5

6

7

목뼈 2

8

9

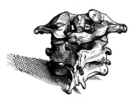

10

11

## 가슴뼈

1. 척주 중간 부위의 가슴뼈,
   앞면(왼쪽)과 뒷면(오른쪽)
2. 제11가슴뼈(뒷면)
3. 제12가슴뼈(뒷면)

1

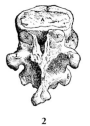

2

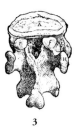

3

# 허리뼈

1

2

3

4

엉치뼈와 꼬리뼈

1~2. 엉치뼈, 앞면(왼쪽)과 뒷면(오른쪽)
3. 꼬리뼈
4~5. 원숭이나 개의 엉치뼈

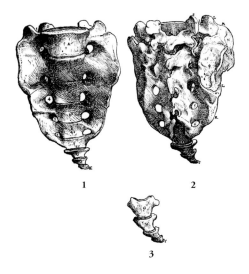

1                    2

3

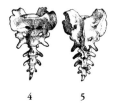

4          5

가슴에 있는 뼈들

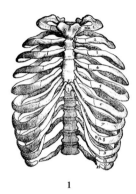

1                    2

3                    4

                     5

6          7

어깨뼈

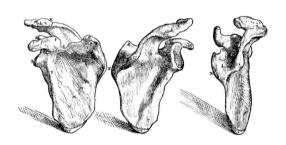

빗장뼈

위팔뼈

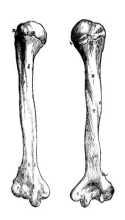

## 아래팔의 뼈들

1          2

3     4         5     6

7

손의 뼈들

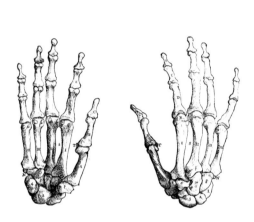

손목뼈

손가락뼈

---

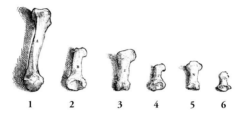

1      2      3      4      5      6

엉덩뼈

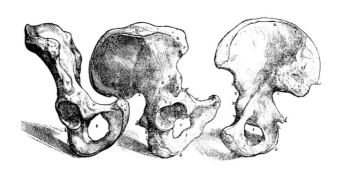

넙다리뼈

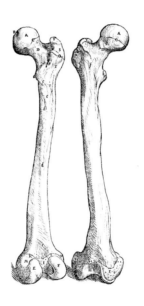

## 종아리의 뼈들 1

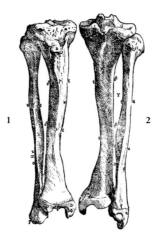

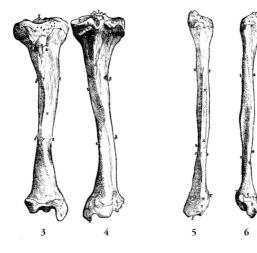

종아리의 뼈들 2

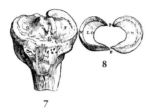

8

7

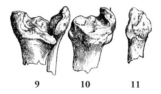

9 10 11

무릎뼈

발의 뼈들

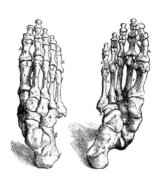

발목뼈

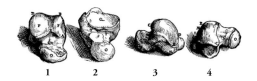

1      2      3      4

5      6      7

8      9

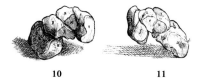

10      11

기도

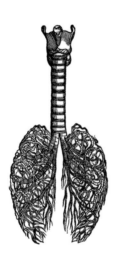

기도에 있는 다양한 연골들

---

1. 방패연골
2. 반지연골
3. 모뿔연골
4. 후두덮개
5. 기관연골

1   

2   

3   

4

5

2          <u>근육</u>

능동적인 운동에 관여하는 근육과 인대들

## 앞에서 본 근육 1

아! 나의 그녀는 어디에
있는 걸까?

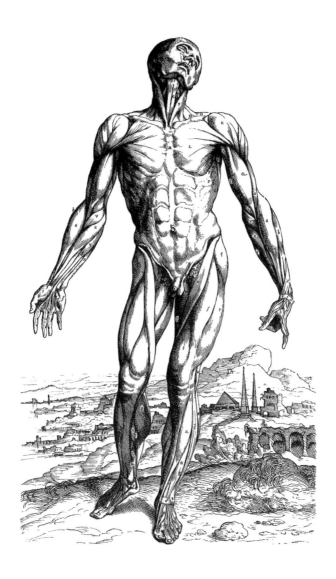

옆에서 본 근육

---

오른발! 왼발!
손발 맞추기는 정말 힘들어.

앞에서 본 근육 2

---

나한테 없어!
뒤져 보려면 뒤져 봐!

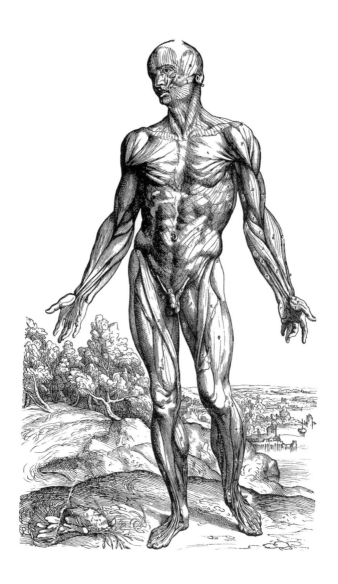

앞에서 본 근육 3

---

보지 마세요.
부끄러워요.

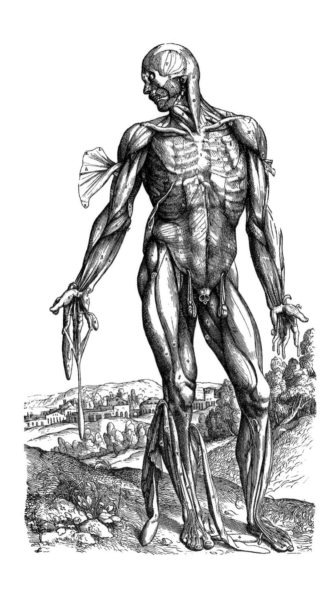

앞에서 본 근육 4

멋진 프레젠테이션!
제 설명이 그럴듯한가요?

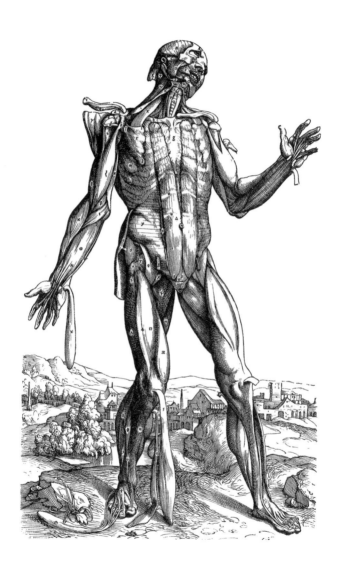

앞에서 본 근육 5

---

안녕~
이제는 헤어질 때가 된 것
같아.

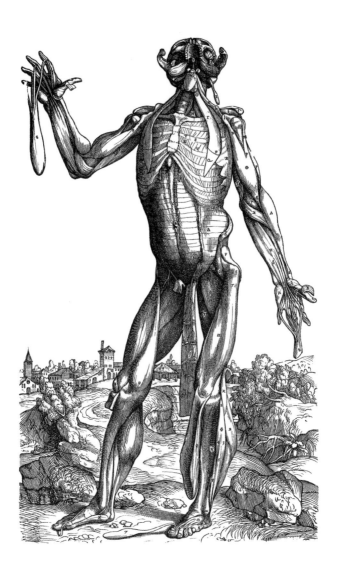

앞에서 본 근육 6

살려줘! 이거 풀어달란 말야!

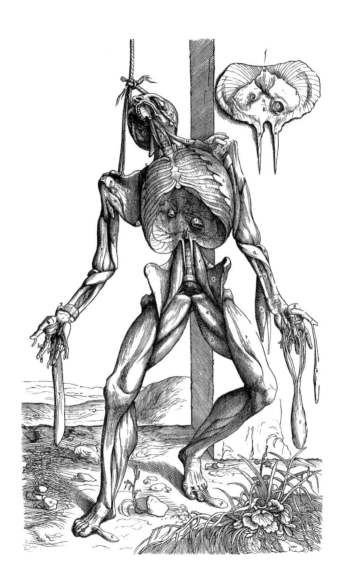

## 앞에서 본 근육 7

어이! 나 좀 도와줘.
힘이 없네.

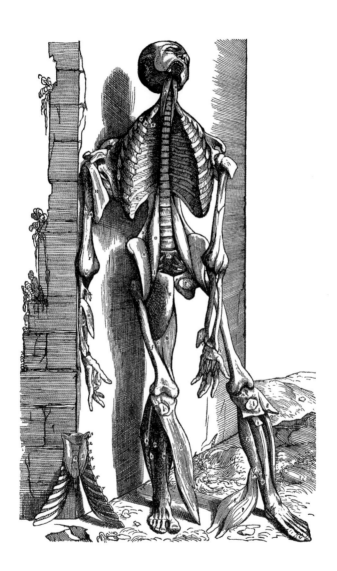

뒤에서 본 근육 1

제 뒤태 멋진가요?

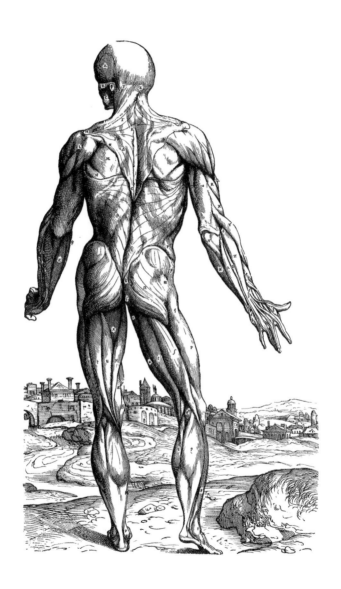

## 뒤에서 본 근육 2

어이, 친구!
저기 아주 맛있는 밥집이 있는데
같이 갈래?

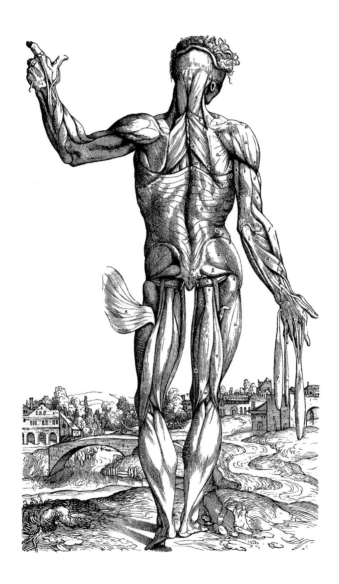

## 뒤에서 본 근육 3

세상을 향해 연설을 한다.
"청년이여, 꿈을 펼쳐라!"

뒤에서 본 근육 4

이야, 경치가 정말
끝내주는걸!

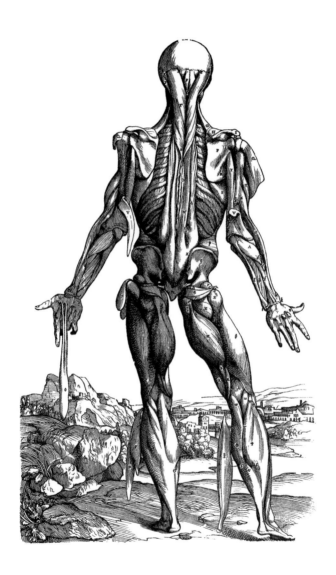

뒤에서 본 근육 5

---

안녕!
아까도 인사했었지?

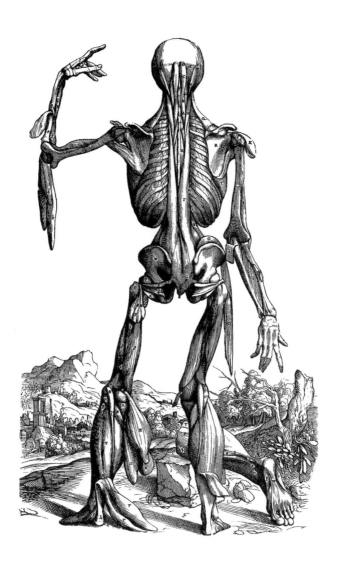

뒤에서 본 근육 6

---

에고, 팔이 없으니 균형
잡기가 힘드네.
여기 잠깐 기대야겠다.

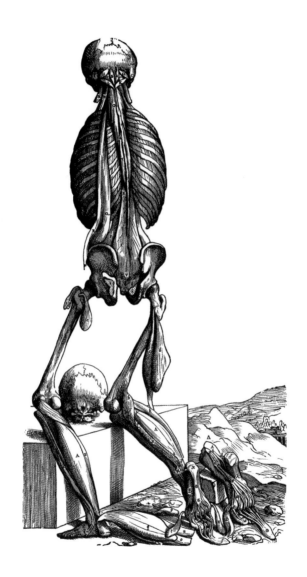

뒤에서 본 근육 7

다리 안쪽에 있는 근육

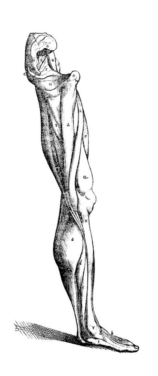

인대의 예

근육의 예

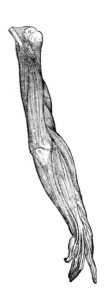

눈썹과 눈의 근육

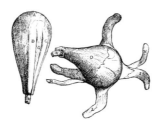

혀의 근육

후두의 근육

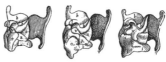

음경의 근육

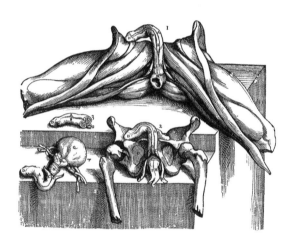

3　맥관계통

몸 전체에 분포하는 동맥과 정맥

정맥의 구조

동맥의 구조

간 문맥

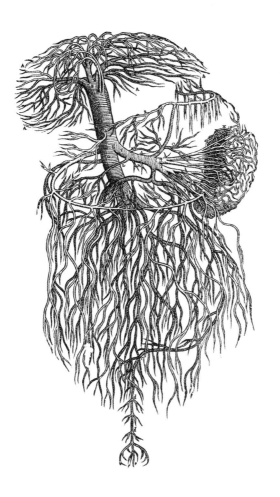

온몸의 정맥

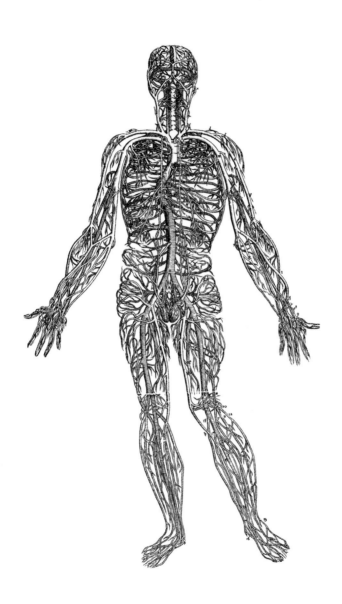

간 뒷면에 있는 정맥

대정맥의 여러 형태

1                                    2

대정맥으로 연결되는
다양한 정맥들

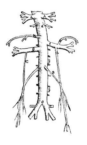

온몸의 동맥

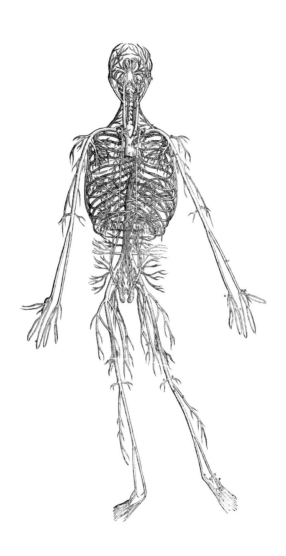

배대동맥의 가지들

뇌의 혈관

허파의 혈관

허파정맥과 허파동맥

몸에 분포하는 동맥과 정맥

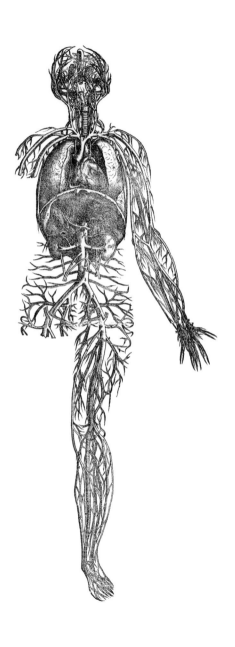

동맥과 정맥의
다양한 분포 양상

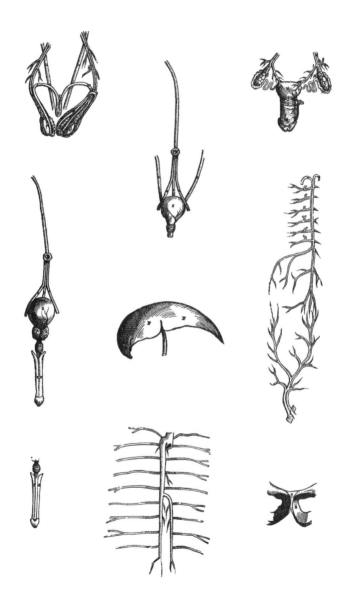

# 4 신경계통

신경의 형태와 기능

대뇌와 소뇌의 아랫면

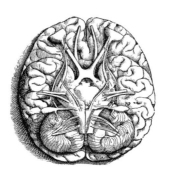

대뇌, 소뇌와 뇌신경 전체

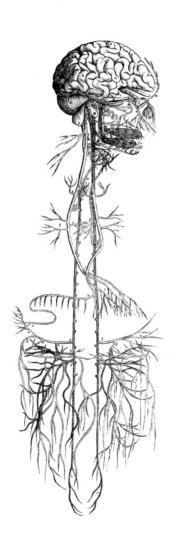

기도, 대동맥과
되돌이후두신경의 관계

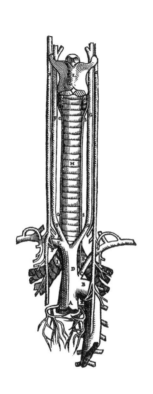

척수와 척수신경

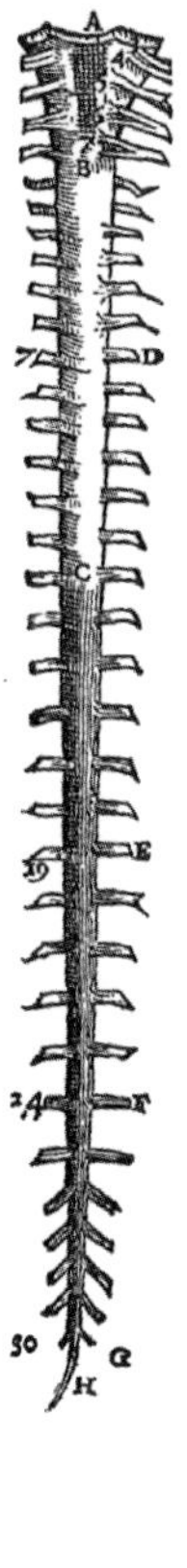

A
B
7
D
C
E
F
30
G
H

척수신경과
동맥, 정맥의 관계

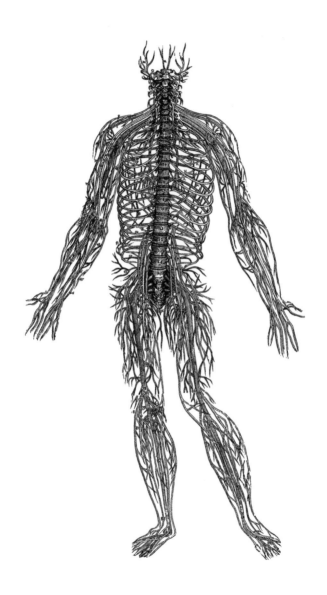

척수신경과 척주의 관계

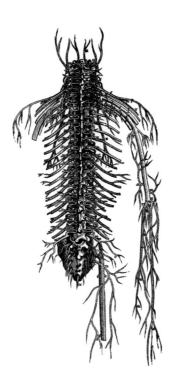

뇌신경과 척수신경의
형성과 분포

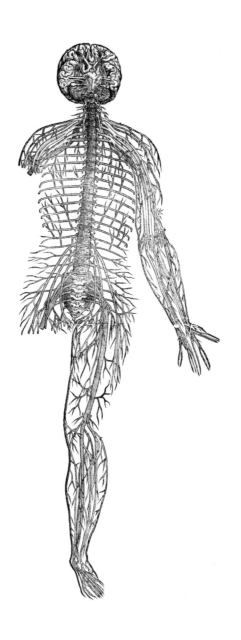

# 뇌신경과 척수신경

1

2

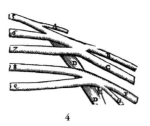

3

4

5 배안장기

소화기와 생식기

앞배벽의 벽쪽복막

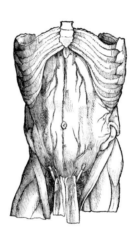

그물막

그물막 뒤 배 내장과 그물막

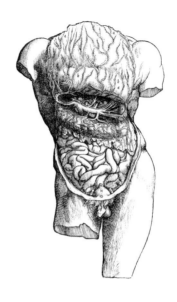

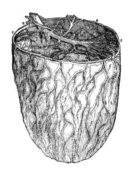

# 배 내장 1

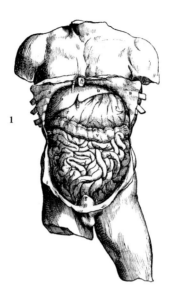

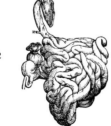

창자간막의 위치와 모양

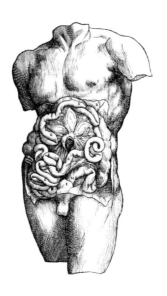

배 내장 2

1. 간, 위, 창자간막의 관계
2. 쓸개와 관들

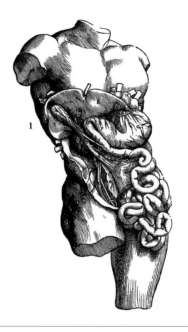

1

2

식도와 위, 위에 분포하는
동맥, 정맥, 신경

위벽의 여러 층

창자벽의 구조

간장

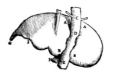

비장

콩팥

뒤배벽

---

창자를 제거한 모양

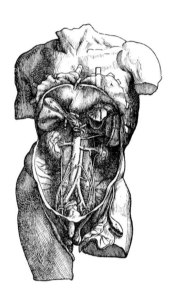

남성의 비뇨기계통과
남성생식기계통의 위치

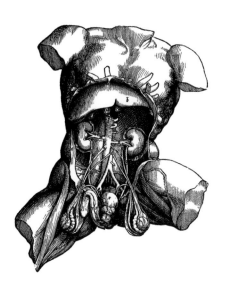

비뇨기계통과
남성생식기계통

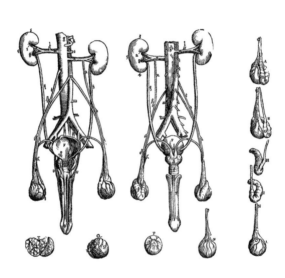

여성의 배 내장

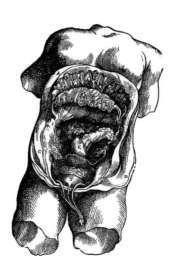

여성의 비뇨기계통과
여성생식기계통의 위치

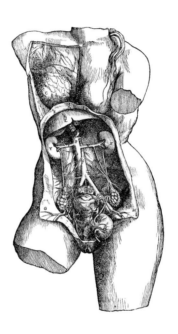

여성생식기

---

자궁과 배막, 자궁과 질

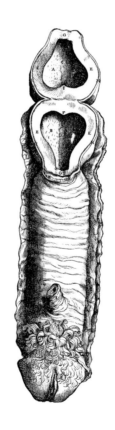

임신한 자궁

6 가슴

심장과 허파

가슴 속의 구조물

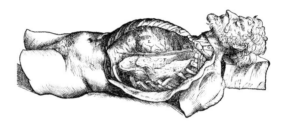

심장과 허파의 위치

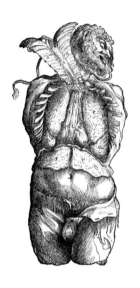

심장의 겉모양

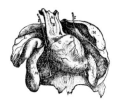

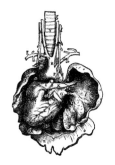

심장의 속 모양과
심실 벽의 두께

허파

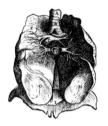

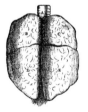

7          뇌

영혼이 있고 감각을 느끼는 곳

뇌막과 뇌

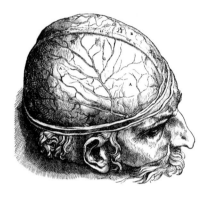

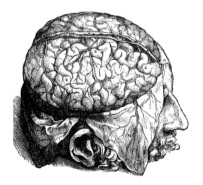

뇌의 순차적 해부 1

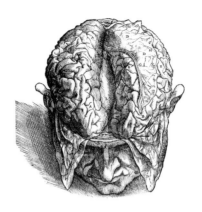

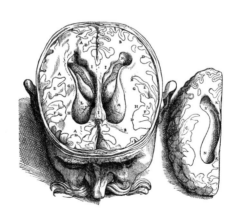

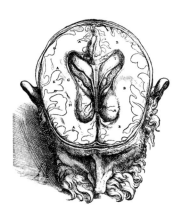

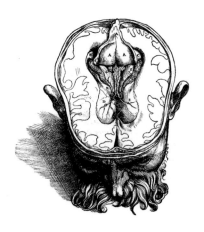

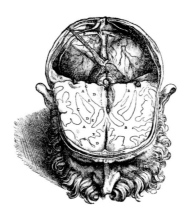

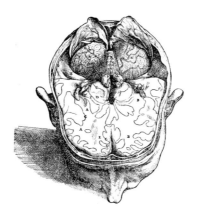

뇌의 순차적 해부 2

뇌줄기와 소뇌

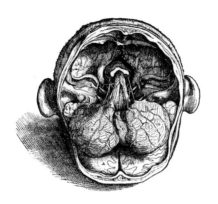

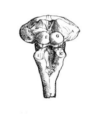

두개강

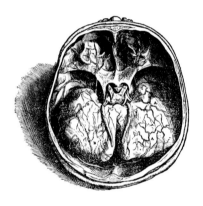

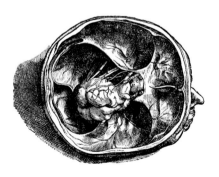

뇌하수체 주변

절단한 안구와 시각신경

안구의 다양한 부분들

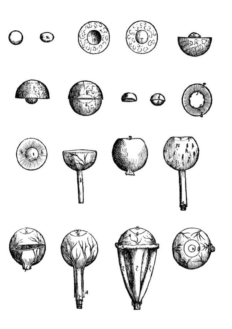

## 안드레아스 베살리우스Andreas Vesalius(1514~1564)

벨기에 브뤼셀의 의사 집안에서 태어나 뤼뱅Louvain에서 공부하였다. 1533년 의사가 되기 위해 파리대학교에 진학, 실비우스Jacobus Sylvius (1478~1555) 등에게서 갈레노스 해부학을 배웠고 1537년 파도바Padova대학교의 의사(M.D.)가 되었다. 그 후 직접 인체를 해부하면서 그림으로 그려 《사람 몸의 구조에 관하여De Humani Corporis Fabrica Libri Septem》(약칭 《파브리카》)와 《에피톰De Humani Corporis Librorum Epitome》을 출판하였다.

베살리우스는 시신을 직접 해부하면서 강의하고 그림으로 남김으로써 기존에 있던 인체의 개념을 완전히 뒤바꿔 놓은 근대 해부학의 아버지이다. 해부학 강의에 교보재로 사용하기 위해 그린 《사람 몸의 구조에 관하여》는 베살리우스 이후 의학의 미래를 완전히 바꾸어 놓은 것으로 평가받는 과학 문명의 성과물이다.


## 엄창섭

고려대학교 의과대학을 졸업한 후 같은 대학교 해부학교실에서 석사학위와 박사학위를 받았고, 미국 국립보건원에서 박사후연수를 하였다. 1989년 전임강사로 임용된 이후 현재는 고려대학교 교수로 대학원 의학과 기초의학계 주임교수, 연구진실성위원회 위원장,(사)대학연구윤리위원회 이사장, 교육부 제5기 연구윤리자문위원회 위원장을 맡고 있다.

저서로는 교과서인 《사람조직학》,《조직생물학》을 비롯하여 《미래가 보인다 - 글로벌 미래 2030》,《전략적 미래예측 방법론 Bible》,《제4차 산업혁명시대 대한민국 미래교육보고서》,《인촌 김성수》 등의 공저가 있고, 초등과학학습만화인 《Why? 해부학》을 감수하였다.